RESISTÊNCIA DE BACTÉRIAS DE SOLO FORMADORAS DE ESPOROS EM CONDIÇÕES EXTREMAS

GILIARDI MARINHO DE ALMEIDA

JOSÉ GUILHERME LANÇA RODRIGUES

EMERSON CARLOS DE ALMEIDA

Dados Internacionais de Catalogação na Publicação (CIP)
(Câmara Brasileira do Livro, SP, Brasil)

Resistência de bactérias de solo formadoras de
    esporos em condições extrema / organização
    Giliardi Marinho de Almeida , José Guilherme
    Lança Rodrigues , Emerson Carlos de Almeida. --
    1. ed. -- Taguai, SP : Faculdades Integradas de
    Taguai, 2021.

    Bibliografia
    ISBN 978-65-00-19178-3

    1. Bactérias 2. Biologia 3. Ciências naturais -
Estudo e ensino 4. Solo - Uso I. Almeida, Giliardi
Marinho de. II. Rodrigues, José Guilherme Lança. III.
Almeida, Emerson Carlos de.

21-59564   CDD-570

Índices para catálogo sistemático:

1. Biologia : Ciências da vida 570

Aline Graziele Benitez - Bibliotecária - CRB-1/3129

Os autores

Prof. Mestrando Giliardi Marinho de Almeida

Biólogo, Mestrando em Biotecnologia Ambiental, IBB/UNESP, Botucatu, SP. Professor do curso de Engenharia Agronômica das Faculdades Integradas de Taguaí.
E-mail: marinhoalmeida_@outlook.com

Prof. Dr. José Guilherme Lança Rodrigues

Engenheiro Agrônomo, Mestre e Doutor em Agronomia, A.C.: Energia na Agricultura, FCA/UNESP, Botucatu, SP. Coordenador e Professor do curso de Engenharia Agronômica das Faculdades Integradas de Taguaí.
E-mail: lancarodrigues@hotmail.com

Prof. Mestrando Emerson Carlos de Almeida

Biólogo e Químico, Mestrando em Biotecnologia Ambiental, IBB/UNESP, Botucatu, SP. Professor dos cursos de Pedagogia e Engenharia Agronômica das Faculdades Integradas de Taguaí. E Professor pela Secretaria da Educação do Estado de SP.
E-mail: emersonalmeidabiofar@gmail.com

Organização
Giliardi Marinho de Almeida
José Guilherme Lança Rodrigues
Emerson Carlos de Almeida

Faculdades Integradas de Taguaí
Mantida pela Instituto de Serviços Educacionais do Vale
do Paranapanema LTDA
Rua: Monsenhor José Trombi, 309, Centro, 18.890-000
– Taguaí, SP – Brasil
Fone: (14) 99769-2702

Presidente da Mantenedora
Luciana Maria Lança Rodrigues

Diretor geral
Renato Dardes Barberio

Coordenador do curso de Engenharia Agronômica
José Guilherme Lança Rodrigues

Coordenador do curso Pedagogia
Telma Cristina Ciano da Silva Ferri

SUMÁRIO

AGRADECIMENTOS

Agradecemos primeiramente e imensamente a Deus por todo o nosso desempenho durante essa pesquisa científica. Agradecemos também os nossos familiares.

Agradecemos aos Doutores André Arashiro Pulschen e Douglas Galante pela primorosa orientação do trabalho de conclusão de curso.

Agradecemos ao Instituto de Química da USP, ao Centro Nacional de Pesquisa em Energia e Materiais (CNPEM) e à Faculdade Eduvale de Avaré, pelo uso de seus complexos laboratoriais, para o desenvolvimento dos experimentos.

Agradecemos às Faculdades Integradas de Taguaí, pelo apoio financeiro para o desenvolvimento dos experimentos e publicação desse livro.

MUITO OBRIGADO!

APRESENTAÇÃO

O livro *Resistência de Bactérias de Solo Formadoras de Esporos em Condições Extremas* – Organizado pelo prof. Giliardi Marinho de Almeida, Prof. José Guilherme Lança Rodrigues e Prof. Emerson Carlos de Almeida – é resultante do trabalho de conclusão de curso do primeiro professor citado, no ano de 2017.

Este trabalho aborda uma pesquisa científica com intuito de isolar bactérias de solo formadoras de esporo, para serem testadas em condições extremas como altas temperaturas e caracterizar suas resistências como forma de interesse para a Astrobiologia.

Foram utilizadas referências teóricas nacionais, internacionais e experiência profissional dos responsáveis da presente pesquisa científica.

Por fim, a presente produção científica complementa a formação institucional, pois visa aproximar a pesquisa aos alunos e a população em geral.

PREFÁCIO

No momento em que a Faculdade FIT de Taguaí comemora o ingresso de sua quarta turma nos cursos de Pedagogia e Engenharia Agronômica, em meio à segunda onda da pandemia do novo coronavírus, temos a grata satisfação de publicar nosso primeiro livro.

Nesse início de século XXI, em que a opinião pública dividiu-se entre opiniões pouco confiáveis acerca da nova epidemia e a humanidade despertou para a importância da pesquisa científica, apresentamos nosso empenho em valorizar e difundir o trabalho de conclusão do curso de Ciências Biológicas do Professor Giliardi Marinho, cujo experimento realizou-se também no complexo laboratorial da nossa Instituição. Essa versão em forma de livro foi atualizada e revisada com a colaboração de dois mestres da Instituição: os professores José Guilherme Lança Rodrigues e Emerson Carlos de Almeida, os quais enriqueceram a obra com suas vastas experiências no campo do ensino e da pesquisa.

Valorizar a pesquisa e levar aos leitores temas relevantes para a comunidade faz parte de nossos objetivos. Merece destaque na obra o caráter inovador e ousado da pesquisa. O trabalho orientado originalmente pelo professor André Arashiro Pulschen, contou com a colaboração do astrobiólogo Douglas Galante, reconhecido internacionalmente por seus estudos sobre vidas em condições extremas. Suas contribuições podem ser notadas nas atualizadas referências teóricas brasileiras e internacionais, bem como na condução da pesquisa empírica. Foram testadas bactérias formadoras de esporos em condições extremas, especialmente altas temperaturas, para verificar sua resistência e capacidade de sobrevivência.

Nesse sentido, o livro "Resistência de bactérias de solo formadoras de esporos em condições extremas" representa mais que um esforço em prol da pesquisa, é uma demonstração de união e amor pelo saber e sua difusão na comunidade. Os autores demonstraram que dedicação e persistência superam todos os obstáculos. Trata-se da primeira pesquisa desenvolvida, ainda que parcialmente, no campus da Instituição em Taguaí. A Faculdade FIT orgulha-se de contar com profissionais tão especiais.

Vivemos em uma sociedade cada vez mais complexa e em constante transformação. A adequada resposta aos problemas próprios desse tempo torna fundamental a união de esforços entre academia e sociedade. Ao apoiar a publicação dessa obra, a Faculdade FIT de Taguaí revela mais uma vez sua inclinação em atender a comunidade onde está inserida, reforçando a necessidade da valorização da pesquisa e extensão acadêmica, indissociáveis do ensino.

Convidamos a todos para uma nova forma de pensar a pesquisa e a vida!

Renato Dardes Barberio

Diretor Geral das Faculdades Integradas de Taguaí

1. INTRODUÇÃO

Nós seres humanos ao longo da história contemplamos a beleza natural do mundo e observamos os astros do universo e quanto mais estudamos nosso passado mais ficamos intrigados pelo futuro. Hoje temos a tecnologia do nosso lado para estudarmos e consequentemente compreender o que até então era mistério. Uma área recente no Brasil e no mundo denominado "astrobiologia", é na realidade multi, inter e até transdisciplinar, que procura pesquisar o fenômeno da origem, evolução, distribuição e do futuro dos seres vivos no universo. A mesma surgiu na NASA (National Aeronautics and Space

Administration). Agencia espacial americana percebeu que para buscarmos vida fora da terra, precisamos antes entender a origem e distribuição da vida na terra. Só então podemos estudar um possível organismo extraterrestre (ROTHSCHILD; MANCINELLI, 2001).

De acordo com Cavicchioli (2002) é aceito que a vida desenvolveu-se em nosso planeta aproximadamente 3,8 bilhões de anos e os primeiros seres vivos a povoar foram os microrganismos, ocupando nichos considerados inabitáveis para a vasta maioria de outros seres vivos, porém recentemente Dodd, e colaboradores realizaram uma descoberta de um fóssil microbiano podendo ser o mais antigo ser vivo da terra. Esses micróbios são representados por filamentos minúsculos, botões e tubos em rochas canadenses datados de serem de 4,28 bilhões de anos. Esse é um tempo próximo da formação do planeta terra (DODD et al., 2017).

Nos dias de hoje existem alguns microrganismos que sobrevivem em ambientes extremos, como a descoberta do microbiologista norte-americano Thomas Brock em 1972 de uma archaea nominada de *Sulfolobus acidocaldarius*. Ele observou esses seres vivos ao redor de gêiser do Parque Nacional do Yellowstone (EUA), na qual água é lançada a 82°C, é sem dúvidas, uma temperatura acima da tolerância dos seres vivos.

E esse microrganismo não só tolera altas temperaturas, mas também exigia essa temperatura para crescer. Passou-se então a conhecer um novo grupo de seres vivos, os extremófilos (DUARTE; RIBEIRO; PELLIZARI, 2016). Esses extremófilos resistem a condições físicas e geoquímicas extremos, como respectivamente temperatura, radiação, pressão, pH, dessecação, salinidade, entre outros. Os organismos que sobrevivem em situações extremas são na maioria das vezes bactérias e arqueias (ROTHSCHILD; MANCINELLI, 2001). Uma estrutura microbiana com essas resistências a condições extremas são os endósporos, que corresponde a uma estratégia de sobrevivência apresentada por algumas bactérias que envolvem a formação de um invólucro com várias camadas muito resistentes a danos provocados pelo calor, radiações, químicos e entre outros. Porém, mesmo sendo extremamente resistentes a técnicas de desinfecção solar e fotocatalítica, as bactérias com capacidades de produzir esporos não são consideradas organismos extremofílicos (OLIVEIRA, A., 2008).

Existe uma classificação de bactérias chamado de actinomicetos, onde essas bactérias apresentam ramificações e são filamentosas. As mesmas apresentam características parecidas com a de fundos, como os esporos que dessas bactérias são semelhantes a conídios, são muito resistentes às dessecações e podem auxiliar na sobrevivência das espécies durante a estiagem (AZUMA, 2011). Esses microrganismos são facilmente encontrados no solo, por ser seu habitat ideal.

A escolha do presente tema como objeto de estudo justifica-se pelo fato de ser uma ciência emergente no Brasil e no mundo todo. A Astrobiologia já vem sendo vista como uma grande área de ciências biológicas e espacial. O tema do presente projeto é o estudo de organismos resistentes a condições extremas, sendo este um dos assuntos mais abordados na astrobiologia.

Considerando a motivação da Astrobiologia, mesmo que a descoberta de vida extraterrestre possa demorar a acontecer, o conhecimento proveniente das pesquisas nessa área, podem surgir como resultados de suas sub-áreas, sendo aplicáveis em diversos setores como, engenharia, biotecnologia, indústria alimentícia e farmacêutica, filosofia, política e economia (PAULINO-LIMA; LAGE, 2010).

No presente trabalho foi realizado o isolamento de bactérias de solo capazes de formar esporos e após a confirmação de formação foram testados em "condições extremos", como altas temperaturas. Caracterizando suas resistências como forma de interesse para a Astrobiologia. Os experimentos procederam na Faculdade Eduvale de Avaré em parceria com o Instituto de Química da Universidade de São Paulo (USP). Para o isolamento de bactérias esporulantes, foram utilizadas amostras de solo coletadas na cidade de Taguaí/SP.

2. REVISÃO DE LITERATURA

2.1 ASTROBIOLOGIA

De acordo com os autores Paulino-Lima; Lage (2010), essa área de pesquisa ganhou credibilidade a partir do ano de 1998, quando a NASA renomeou o programa científico "Exobiologia", para Astrobiologia. Algumas designações eram utilizadas anteriormente, tais como: exobiologia, xenobiologia, xenologia, bioastronomia, cosmologia, e algumas derivações como, astrobotânica, exossociologia e exopaleontologia, são algumas vezes encontradas na literatura. Todos esses termos foram aplicados para se referir á mesma coisa basicamente, ou seja, ao estudo da origem, evolução, distribuição e o futuro da vida na Terra ou em outro planeta (BLUMBERG, 2003).

A NASA percebeu que para buscar formas de vida em outros astros, é necessário entende - lá melhor na Terra, desde a origem dos organismos até evolução e distribuição dos mesmos sob as condições terrenas, só então extrapolar os estudos para outros planetas. Porque segundo os conhecimentos científicos da biologia, é muito difícil desenvolver uma forma de vida diferente da que conhecemos, em relação ao funcionamento fisiológico do organismo. Dessa maneira, a astrobiologia se baseia fortemente na compreensão da vida na terra como modelo para os possíveis extraterrestres (RODRIGUES; GALANTE; AVELLAR, 2016).

No Brasil, desde os anos 1980 pesquisas já estavam envolvidas com alguns temas que foram posteriormente conhecidos como astrobiologia. Um dos pioneiros nessa ciência foi o professor do departamento de Química da Universidade Federal de Pernambuco, Ricardo C. Ferreira. Após os anos 2000 teve um maior comprometimento com a presente área (RODRIGUES; GALANTE; AVELLAR, 2016). O primeiro Workshop Brasileiro de Astrobiologia foi realizado em 2006 na Universidade Federal do Rio de Janeiro (UFRJ), reunindo 171 estudantes, professores e pesquisadores de todo o país e forneceu valiosos dados a respeito do panorama nacional (PAULINO-LIMA; LAGE, 2010).

Levando-se em consideração as contribuições da comunidade cientifica internacional envolvida com pesquisas astrobiológicas, a incrível velocidade da descoberta de planetas extrassolares e a alta tecnologia utilizada para construir espaçonaves sofisticadas aumentam as chances de se detectar vida fora da Terra (DUARTE; RIBEIRO; PELLIZARI, 2016). Os principais assuntos abordados são: nascimento e morte de estrelas e reciclagem dos elementos; origem e evolução da vida; busca por bio-assinaturas extraterrestres; planetas e satélites habitáveis dentro e fora do sistema solar; geosfera, hidrosfera e atmosfera primitiva; extinção em massa e diversidade da vida; evidências fósseis e geoquímicas de vida primitiva; vida em ambientes extremos e proteção planetária (STALEY, 2003).

2.2 EXTREMÓFILOS

De acordo com Cavicchioli (2002), extremófilos são organismos que vivem e até mesmo exigem para sua sobrevivência condições físicas ou geoquímicas extremas, podendo, inclusive, ser milhares de vezes mais resistentes à radiação que os seres humanos. Organismos extremófilos podem ser classificados como: extremófilos físicos, exemplo temperatura, radiação ou pressão e extremófilos geoquímicos, exemplo dessecação, salinidade, pH, etc (ROTHSCHILD; MANCINELLI, 2001).

O universo é composto por ambientes de extremos, muito frio ou muito quente, ausência de água, forte incidência de radiação, condições químicas adversas ou mesmo a presença de elementos tóxicos. Os astrobiólogos estudam na terra ambientes análogos aos extraterrestres, usando como modelo, por meio da microbiologia ambiental e de experimentos em laboratório, levando os microrganismos terrestres a condições similares, por exemplo, da superfície marciana. O mesmo é válido para compreendermos as condições de vida da Terra primitiva, muito diferente de nosso planeta atualmente (RODRIGUES; GALANTE; AVELLAR, 2016).

Figura 1: Ilustração de como seria a atmosfera da Terra primitiva, mostrando intensa atividade vulcânica.
Fonte:https://www.sobiologia.com.br/conteudos/Evol ucao/evolucao4.php

Segundo os autores Duarte; Ribeiro; Pellizari (2016), um dos principais assuntos estudados pela astrobiologia é as estratégias microbianas para suportar ambientes extremamentes quentes ou frios. São estudados diversos ambientes quentes que normalmente estão associados a atividades vulcânicas: fontes termais, gêiseres (Figura 2), e até mesmo interior de vulcões já foram explorados.

Figura 2: gêiser do Parque Nacional do Yellowstone (EUA), na qual água é lançada a 82°C.
Fonte: https://www.earthtrekkers.com/geyser-basins-in-yellowstone-national-park/

Uma ampla diversidade de microrganismos foi encontrada sobrevivendo em altas temperaturas; esses organismos são denominados de termofílicos. Tais microrganismos adaptados ao calor extremo conseguem sobreviver nessas condições a partir de uma série de adaptações de suas proteínas e estrutura celular, selecionadas durante milhões de anos pela evolução. Estudos indicam que o provável ancestral de todos os seres vivos tenha sido uma célula extremófila, uma vez que aproximadamente 3,8 bilhões de anos atrás a terra tinha um cenário quase inóspito, devido às atividades vulcânicas, diferente composição atmosférica e até mesmo radiação solar (CAVICCHIOLI, 2002). Uma das mais fortes evidências para a origem da vida em altas temperaturas é a proposta da ocorrência de microrganismos adaptados ao calor nos ramos mais profundos da atual árvore filogenética: muito provavelmente todos os seres vivos compartilham uma origem no calor.

2.3 ENDÓSPOROS

Alguns microrganismos contam com uma estratégia para sobreviver a condições desfavoráveis, denominado de endósporos. Que envolvem a formação de uma estrutura com diversas camadas resistentes a danos provocados por calor, radiações e químicos (OLIVEIRA, A., 2008). Segundo Ohye et al., 1973 apud Oliveira, A., (2008) essas camadas são: exósporo, capa, córtex, membrana interna e externa e núcleo.

Algumas dessas camadas têm suma importância para os endósporos, a capa é uma delas, sendo composta por queratina e proteínas específicas intercruzadas, tendo como função resistência durante a germinação (HORNSTRA et al., 2006). Pode ser visto também uma camada mais grossa, denominada de córtex, sendo composto basicamente de peptidoglicano, o nível dessa substância é variável entre espécies, tendo como função permitir expansão e contração do esporo (WARTH; STROMINGER, 1972 apud OLIVEIRA, A., 2008).

Entre o córtex e o núcleo encontra-se a membrana interna, funcionando como uma barreira seletiva. Apresentando poros que permitem liberação de alguns compostos relacionados na ativação de enzimas que degradam o córtex durante o processo de germinação. (VEPACHEDU; SETLOW, 2007). Por fim, no núcleo ocorre o inicio da formação de novas estruturas, como a parede celular, membrana citoplasmática, material genético e enzimas, originando conseqüentemente novas células vegetativas.

2.3.1 Processo de Esporulação

Segundo Dricks (2004), a formação de endósporos pode ser estimulada por condições nutricionais desfavoráveis como a falta de água ou fontes de agentes químicos. O processo de diferenciação dura cerca de oito horas e inicia a partir da fase estacionária do crescimento bacteriano, diferenciando sete fases.

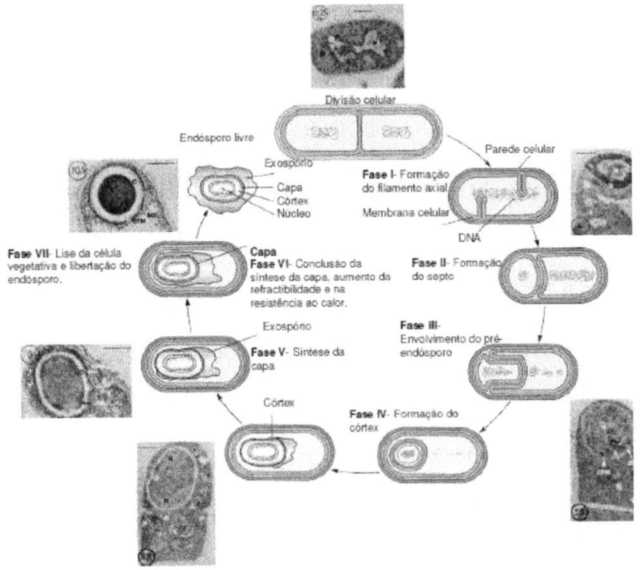

Figura 3: Imagem das alterações estruturais da célula bacteriana durante a esporulação (Adaptado de Madigane Martinko, 2006 apud OLIVEIRA, 2008).

As fases apresentadas na figura 3 estão explicadas abaixo de acordo com Oliveira, 2008:

Na primeira fase ocorre a duplicação do DNA na célula vegetativa e o alongamento do material nuclear formando um filamento axial; Na segunda fase é caracterizado pela

33

invaginação da membrana citoplasmática com formação do septo assimétrico (duas membranas) e a separação de uma das cópias do material genético e de uma pequena fração de citoplasma (protoplasto); Na terceira fase a parte interna da célula (protoplasto) é envolvido pela membrana da célula primaria e forma o pré-endósporo;Na quarta fase é formado o córtex entre as duas membranas. Formando também uma parede celular germinativa que é uma camada grossa de peptidoglicano altamente ligada entre o córtex e o núcleo; Na quinta fase ocorre a formação das membranas interna e externa. Inicio da síntese da capa de natureza protéica e do exósporo; Na sexta fase é a conclusão da síntese da capa e ocorre a perda de água no núcleo, tornando mais resistente ao calor. Pode-se obervar nessa fase o endósporo maduro; Na sétima e última fase a quantidade de água diminui e ocorre a liberação do endósporo por autólise da célula vegetativa, com a ação de autolisinas.

Uma vez que os endósporos conservam o material genético das células que os originaram, podem germinar, em condições adequadas, voltando a originar células vegetativas idênticas. Por serem altamente resistêntes, os endósporos permitem que persistam ao longo do tempo geológico e a sobrevivência dos mesmos no espaço extraterrestre tem sido também amplamente estudada (NICHOLSON, 2000 apud OLIVEIRA, A., 2008).

2.4. ACTINOMICETOS

Há um filo de bactérias chamado de actinomicetos, essas bactérias são muitas vezes filamentosas e podendo ser ramificadas, apresentando muitas semelhanças com fungos por produzir esporos semelhantes a conídios (Figura 4).

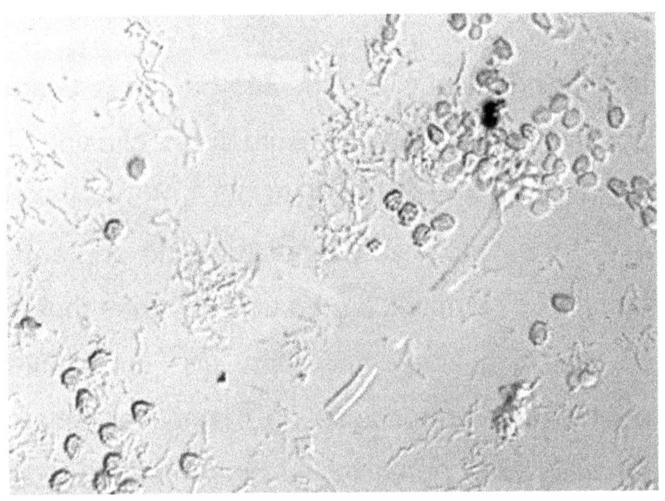

Figura 4: Esporos de actinobactérias.
Fonte: https://pt.sodiummedia.com/4295291-actinomycetes-microbiology-structure-properties-life-

Essas bactérias são resistentes às dessecações e podem auxiliar na sobrevivência das espécies durante a estiagem (AZUMA, 2011). Alguns esporos também sobrevivem à fervura por alguns períodos de tempo (OLIVEIRA, M., 2003). Segundo Groth et al., (1999) os actinomicetos podem ser encontrados e isolados de diversos habitas, como em animais, plantas, águas residuais, produtos alimentícios, pedras, porém o seu habitat principal é o solo. São bactérias Gram positivas com alto percentual de citosina e guanina em seu DNA (ARAÚJO, 1998).

Devido à sua capacidade de degradar polímeros complexos e de utilizar várias fontes de carbono, desempenham um importante papel na decomposição da matéria orgânica, tendo grande potencial na biorremediação de solos contaminados com hidrocarbonetos (DUARTE, 2012). Essas bactérias podem utilizar diferentes fontes de carbono, podendo ser autótroficas, heterotróficas, fototróficas ou quimiotróficas. Algumas podem ser patogênicas a plantas, homens e animais (DE MELO, 2009).

O crescimento da maioria das actinobactérias ocorre de forma filamentosa e ramificada, podendo formar micélios sobre o substrato e micélio aéreo quando crescidos em meio sólido, como no gênero *Streptomyces* (Figura 5) (Willey et al., 2006).

A   B

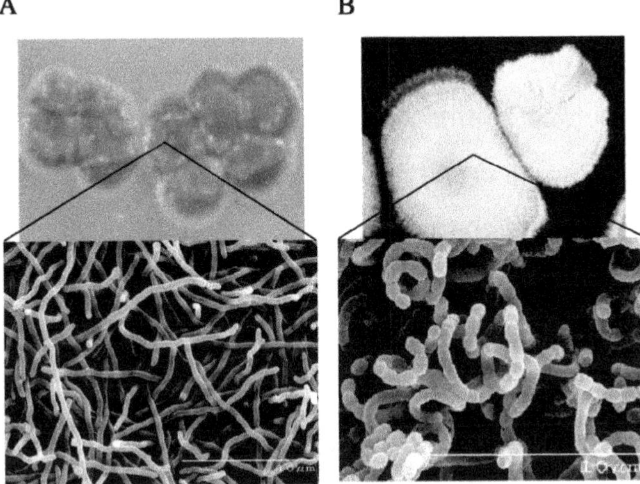

Figura 5: Filamentos de *Streptomyces* em meio sólido. Colônias crescidas em meio sólido e micélio microscopia eletrônica de varredura do micélio sobre

No solo, as actinobactérias são menos dominantes do que outras bactérias, mas são mais abundantes que os fungos, constituindo entre 10 a 50% da microbiota do solo (DE MELO, 2009). No solo rizosférico, sua importância está mais relacionada com a produção de antibióticos, os quais controlam microrganismos antagonistas (PEREIRA, 2000). Estes microrganismos produzem enzimas como proteases, lipases, xilanases, celulases, amilases, pectinases e quitinases que apresentam potencial para aplicação em diferentes processos na indústria têxtil, de alimentos, de detergentes, de papel, polpa, farmacêutica entre outras (Silva & Van Der Sand).

Actinobactérias, assim como proteobactérias, são encontrados em ambientes desérticos, conseguindo modificar as propriedades físico-químicas da superfície do meio através de suas atividades fisiológicas e metabólicas, contribuindo com a formação do solo e na nutrição vegetal (SANTOS et al., 2019).

3. OBJETIVOS

A seguir, são apresentados os objetivos que compõe esta pesquisa, subdividido em geral e específicos.

3.1 OBJETIVO GERAL

O presente trabalho tem como objetivo isolar bactérias de solo formadoras de esporo, e caracterizar suas resistências a condições estressantes de interesse para a Astrobiologia, como por exemplo, altas temperaturas.

3.2 OBJETIVOS ESPECIFICOS

- Isolar bactérias de amostras de solo capazes de formar esporos;
- Confirmar e otimizar a capacidade das bactérias isoladas em formar esporos;
- Testar os esporos quanto sua resistência a elevadas temperaturas.

4. MATERIAL E MÉTODOS

4.1 MATERIAL

4.1.1 Localização da Realização dos experimentos

Os experimentos da presente pesquisa foram conduzidos nos laboratórios da Faculdade Eduvale de Avaré do estado de São Paulo.

4.1.1.1 Local de realização de treinamentos e outros experimentos

O aluno da Faculdade Eduvale de Avaré, Giliardi Marinho de Almeida realizou treinamentos das técnicas de microbiologia, no Instituto de Química da Universidade de São Paulo – USP juntamente com o doutorando em Bioquímica André Arashiro Pulschen no dia 14 de março de 2017.

4.1.2 Localização da área de coleta de solo

A coleta de solo foi realizada em área da cidade de Taguaí do estado de São Paulo. Localizada geograficamente nas coordenadas 23°16' Latitude, 49°14' Longitude e com altitude 580 metros. De acordo com a classificação de Koppen, o clima da cidade é do tipo CWa, subtropical, quente e temperado. A temperatura média anual é de 20,4°C. A média anual de pluviosidade é de 1278mm.

4.1.3 Materiais utilizados na coleta de solo

Para a coleta foram utilizados tubos falcon estéril 50mL, fita adesiva e etiquetas para identificação do material coletado.

4.1.4 Materiais utilizados nos experimentos

4.1.4.1 Materiais para o isolamento dos microrganismos

Segue os materiais necessários para o procedimento de seleção de bactérias esporulantes:

- 2 gramas de solo;

- Água destilada ou solução salina;

- Autoclave;

- Tubos Falcon;

- Alça de drigalski;

- Lamparina;

- Eppendorf ou microtubo;

- Béquer 100mL;

- Microondas ou fogareiro;

- Termômetro;

- Placas de petri com meio NSA;

- Pipeta de 900uL;

- Incubadora ou estufa;

- Alça bacteriológica;

- Fluxo laminar;

- Panela;

4.2 MÉTODOS

4.2.1 Coleta de solo

A coleta e o armazenamento do material foram feito pelo mesmo tubo falcon, com intuito de evitar contaminação da terra com outro material.

4.2.2 Isolamento de bactérias de solo capazes de formar esporos

Para a seleção das bactérias esporulantes, cerca de 2 gramas de cada amostras de solo foram ressuspendidas em 10mL de água destilada autoclavada, no interior de um Falcon estéril e foram vortexadas/agitadas vigorosamente. Posteriormente, foi utilizado um fogareiro para aquecer uma panela com água e um béquer no centro. O tubo falcon contendo a suspensão foi imersa no béquer contendo água pré-aquecida a 85°C-90°C, por cerca de 20 minutos. Esse procedimento visa matar a grande maioria de bactérias que estão em sua forma vegetativa, restando apenas esporos.

Após o procedimento de aquecimento, foram plaqueados100uL e 10uL da suspensão em placas de petri contendo meios de cultura

NSA (Nutriente, Sacarose e ágar) 100% e 10% (diluído 10x), utilizando alça de drigalski.totalizando 7 placas por amostra, ou seja14 placas. As mesmas foram incubadas então a 30°C e observadas diariamente para a avaliação do crescimento de colônias bacterianas. Assim que foi confirmado o crescimento de colônias de bactérias, as mesmas foram isoladas, utilizando-se um palito de dente ou alça bacteriológica e repicada para novas placas de petri, a qual foi novamente incubada a 30°C para o crescimento do organismo. Após uma semana foi realizado o isolamento de 3 colônias (com aspectos diferentes) que foram diluídas em solução salina e submetidas a 3 tratamentos de temperatura: 90°C por 10, 20, e 30min. Esse procedimento tem como objetivo selecionar de preferência bactérias que produzem esporos. Por fim, foi realizado o plaqueamento desses 3 tratamentos das 3 diferentes formas de colônias, com duas repetições, totalizando 18 placas.

Todos os procedimentos descritos acima foram realizados no interior de um fluxo laminar.

4.2.3Teste das bactérias que produz esporos quanto a suas capacidades de resistir ao tratamento com altas temperaturas

Bactérias com capacidade de formar esporos foram então testadas quanto a suas capacidades de resistir ao tratamento com altas temperaturas. Para o ensaio de tratamento a elevadas temperaturas, uma colônia foi suspendida em solução salina estéril e expostas a 90°C por tempo de 10, 20, 30 e 60 minutos. As bactérias selecionadas anteriormente foram crescidas em meio NSA a 30°C, a viabilidade inicial das culturas foi estimada via contagem de unidades formadoras de colônias (UFC/mL), através da diluição seriada da suspensão e plaqueamento em placas de petri com meio NSA e incubação em estufa.

5. RESULTADOS E DISCUSSÃO

A inoculação da suspensão de solo resultou em placas de petri repletas de colônias. Como pode ser observado na figura 6. Nesse primeiro isolamento as placas não estavam puras, ou seja, tinha mais de uma espécie de bactéria, devido a diversidade de microrganismos encontrados no solo. O autor Cardoso (1992) cita que o solo é o local de inúmeras e variadas populações de bactérias e demais microrganismos. Todavia, pode-se observar uma diminuição gradativa da quantidade de colônias formadas conforme a suspensão de solo era exposta a maiores tempos a 90°C.

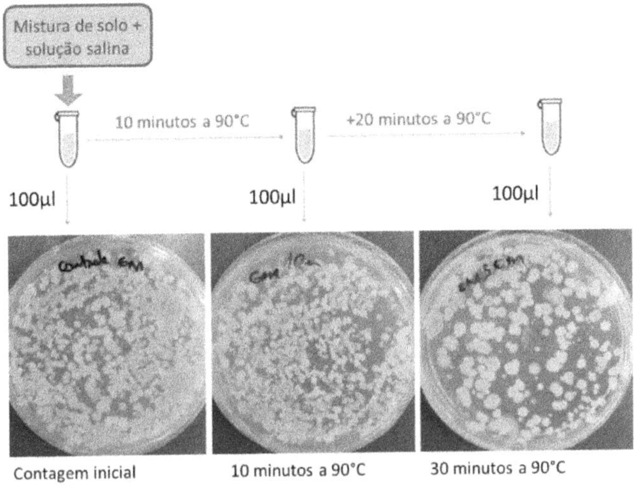

Figura 6: Fotos do isolamento inicial, após o tratamento térmico sequencial. Note que o número de colônias diminui conforme a exposição a alta temperatura aumenta.

Uma observação mais detalhada das colônias obtidas permitiu avaliar que, de modo geral, muitas das colônias eram morfologicamente similares (Figura 7A). O autor Oliveira, G., (2006) cita que as colônias apresentavam aspecto rugoso, típico de colônias de actinomicetos. As colônias podem ser descontínuas e liquenóide, coriácea ou butírica. Inicialmente as colônias apresentam superfície relativamente lisa. Conforme o autor Holt et al. (1994) a temperatura ótima de crescimento é próximo dos 30ºC embora algumas espécies cresçam em temperaturas psicrófilas ou termófilas. Segundo o autor OLIVEIRA, M., (2003) os esporos de algumas espécies de actinomicetos sobrevivem às altíssimas temperaturas longos períodos de tempo.

Uma vez que esse morfotipo similar foi encontrado várias vezes durante o isolamento, decidiu-se testar a termo tolerância de um desses organismos. Uma das colônias foi então isolada (Figura 7B). Observando esses microrganismos sobre o microscópio, foi possível de se observar que o mesmo apresenta pequenas células bacilares (figura 7C). Sua morfologia em muito difere de células do gênero *Bacillus,* capazes de produzirem endoesporos e que normalmente crescem em cadeias e apresentam células maiores em tamanho, conforme apresentado na figura 7D. Tendo em vista a morfologia da colônia e aspecto das células, é provável que o organismo isolado seja, de fato, de um Actinomiceto.

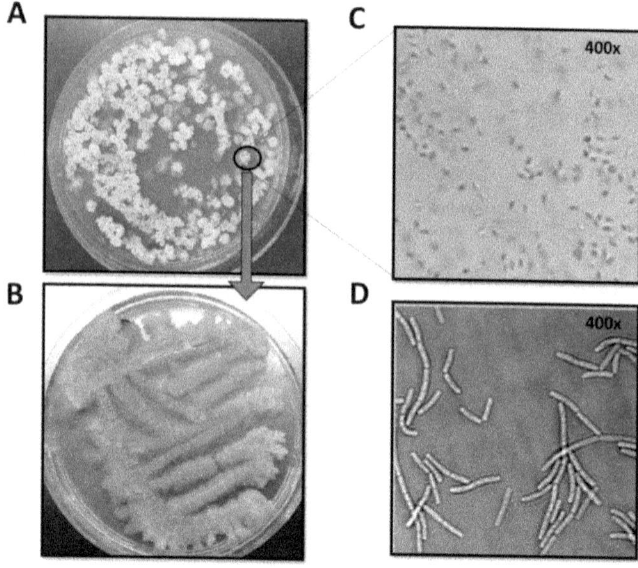

Figura 7: A metodologia inicial selecionou um morfotipo de colônia similar a um Actinomiceto. (A) Placa vista de cima (melhor visualização da morfologia da colônia) do isolamento ambiental após 30 minutos de aquecimento a 90°C. (B) Isolado 1 obtido após repique em nova placa NA fresca. (C). Microscopia do isolado 1 (aumento de 400x). (D) Células de *Bacillus subtilis* (cepa PY79) observadas sobre o microscópio óptico. Imagens obtidas no Instituto de Química da USP

Essa colônia isolada (Isolado 1) foi submetida aos tratamentos de temperatura com diluições seriadas, a fim de determinar a sua termotolerância e verificar se sua resistência a altas temperaturas foi responsável por sua abundância nas placas de isolamento

No tratamento 10, 20, 30 e 60 minutos a 90 graus Celsius com diluições seriadas de 1/10 a 1/1.000.000 (10^6) foi possível observar uma grande diminuição das bactérias (Figura 8 e Tabela 1) de modo gradativo. Após 30 minutos, uma quantidade razoável (cerca de 10% da população inicial) ainda pode ser recuperada (Figura 8A e 8B), o que pode ser considerada uma resistência respeitável, tendo em vista que células vegetativas (sem estarem na forma de esporos) ou pouco termo tolerantes já teriam perdido totalmente sua viabilidade após apenas 10 minutos de tratamento térmico. Os autores Cardoso et al.

(2003) citaram que a temperatura é um dos principais fatores que influenciam no crescimento e na multiplicação dos microrganismos. Bactérias exposta a temperaturas acima do tolerado causa mudanças nas reações enzimáticas das mesmas, podendo-os inativa-lás ou interferir no mecanismo de síntese enzimática (GOMES, et al., 2007).

A maioria dos mecanismos bioquímicos tem um máximo de atividade em torno do ótimo crescimento do organismo, de 30° a 50°C para os mesófilos, por exemplo. Com a elevação da temperatura a membrana plasmática e demais estruturas citoplasmáticas colapsam com a liquefação dos ácidos graxos celulares. Nos esporos e leveduras termófilas são encontradas alterações na estrutura dos lipídeos depois de diversos processos de adaptação às elevadas temperaturas

(CARDOSO et al., 2003). Após 60 minutos de tratamento térmico, é possível de se observar uma severa perda de viabilidade celular do isolado. (Figura 8). Apesar a inativação de cerca de 99.9% do isolado, ainda assim é possível de se recuperar uma porção de células viáveis, demonstrando assim a termo tolerância do organismo.

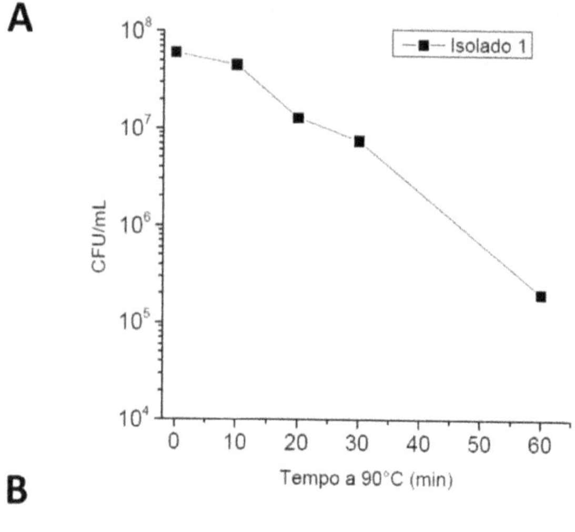

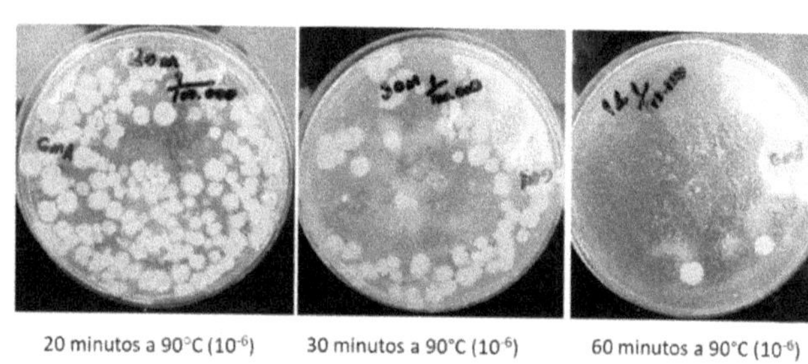

Figura 8: Termotolerância do isolado 1 a elevadas temperaturas. (A) Plot de CFU/mL do isolado 1 a 90°C. (B). Foto as placas de petri mostrando a formação de colônias mesmo após 20, 30 e 60 minutos de tratamento a 90°C.

TABELA 1: Número de bactérias encontradas em cada tratamento de acordo com sua diluição.

TRATAMENTO 10 min.	FATOR DE DILUIÇÃO	NÚMERO DE COLONIAS	NÚMERO DE BACTÉRIAS
	DILUIÇÃO $1/10^6$	45	$45 \times 10^6 =$ 45.000.000
TRATAMENTO 20 min.	FATOR DE DILUIÇÃO	NÚMERO DE COLONIAS	NÚMERO DE BACTÉRIAS
	Diluição $1/10^5$	130	$130 \times 10^5 =$ 13.000.000
TRATAMENTO 30 min.	FATOR DE DILUIÇÃO	NUMERO DE COLONIAS	NUMERO DE BACTÉRIAS
	Diluição $1/10^5$	75	$75 \times 10^5 =$ 7.500.000
TRATAMENTO 60 min.	FATOR DE DILUIÇÃO	NÚMERO DE COLONIAS	NÚMERO DE BACTÉRIAS
	Diluição $1/10^5$	2	$2 \times 10^5 =$ 200.000

6. CONCLUSÃO

Conclui-se que a algumas bactérias de solo resistem às altas temperaturas. Sendo mesófilas, porém com capacidades de suportar as temperaturas das bactérias termofílicas Curiosamente, a metodologia empregada selecionou diversos morfotipos similares, sendo que um dos morfotipos foi isolado para teste de sua termotolerância..O isolado testado em questão não é um formador de endoesporo, uma vez que se trata provavelmente de um Actinomiceto. Todavia, sabe-se que Actinomicetos também são capazes de formar esporos, resistentes a elevadas temperaturas. Na Astrobiologia essas bactérias encontradas no solo que desenvolvem esporos ou que sejam termotolerantes, podem ser utilizadas pra pesquisas envolvendo, por exemplo, procura de vida fora da terra, pois além de resistirem a altas temperaturas os esporos bacterianos resistem também há radiações e diversos danos e estresses. A astrobiologia se baseia fortemente na compreensão da vida na terra como modelo para os possíveis extraterrestres

7. REFERÊNCIAS BIBLIOGRÁFICAS

ARAÚJO, M. J. Estratégias para o isolamento seletivo de actinomicetos. In: Melo, I. S.; AZEVEDO, J. L. **Ecologia Microbiana.** Jaguariúna: Embrapa, 1998. P.351-367.

AZUMA, M. V. P. **Actinobactérias com potencial biotecnológico isoladas da região entre marés da ilha do Mel, PR, Brasil.** 2011. 95f. Dissertação (Mestrado em Microbiologia) – Departamento de Patologia Básica da Universidade Federal do Paraná, Curitiba/Brasil.

BLUMBERG, B. S. The Nasa astrobiology institute: earty history and organization. **Astrobiology**, v. 3, n. 3, p. 463-470, 2003.

CARDOSO, E. J. B. N. Ecologia microbiana do solo. In: CARDOSO, E. J. B. N.; TSAI, S. M.; NEVES, M. C. P. **Microbiologia do solo**. Campinas: Sociedade Brasileira de Ciência do Solo, 1992. p. 33-57.

CARDOSO, M. A.; CLEMENTINO, M. M. B.; MARTINS, B. O.; VIEIRA, R. P.; ALMEIDA, R. V.; ALQUERES, S. M. C.; ALMEIDA, W. I. Archaea: Potencial Biotecnológico. Revista Biotecnologia Ciência e Desenvolvimento. N. 30, p. 71-77, 2003.

CAVICCHIOLI, R. Extremophiles and the Search for Extraterrestrial Life.**Astrobiology**, v. 2, p. 281-292, 2002.

DE MELO, F. M. P. Bioprospecção de actinobactérias rizosféricas de milho (Zea mays L.) com atividade antifúngica. **Embrapa Meio Ambiente-Tese/dissertação (ALICE)**, 2009. Disponível em: < https://www.alice.cnptia.embrapa.br/bitstream/doc/6311 75/1/2009OT07.pdf>. Acesso em 01 mar 2021.

DODD, M. S. etal.Evidence for early life in Earth's oldest hydrothermal vent precipitates.**Nature**, v.543, ed. 7643, p. 60-64, mar. 2017. Disponível em:<http://www.nature.com/nature/journal/v543/n7643/full/nat ure21377.html#access>. Accesso em: 19 mar. 2017.

DRIKS, A. From Rings to Layers: Surprising Patterns of Protein Deposition during Bacterial Spore. **Assembly JournalofBacteriology**. v. 186, n. 14, p. 4423-4426, 2004.

DUARTE, R. T. D.; RIBEIRO, C. G.; PELLIZARI, V. H. Vida ao extremo: A magnífica versatilidade da vida microbiana em ambientes extremos da terra. IN: GALANTE, D. et al.**Astrobiologia uma ciência emergente.**1 ed. São Paulo: Tikitnet, 2016.p. 155-171.

Duarte MW. 2012. **Identificação de actinomicetos isolados de solo impactado com resíduos petroquímicos e seleção de potenciais degradadores de misturas de diesel e biodiesel.** Dissertação (Mestrado em Microbiologia Agrícola e do Ambiente) – Instituto de Ciências Básicas da Saúde, Universidade Federal do Rio Grande do Sul, Porto Alegre.

GOMES, E.; GUEZ, M. A. U.; MARTIN, N.; SILVA, R. Enzimas Termoestáveis: Fontes, Produção e Aplicação e Industrial. **Quim. Nova.** V. 30, n. 1, p. 136-145, 2007.

GROTH, I. et al. Actinomycetes in Karstic caves of northem Spain (Altamira and Tito Bustillo). **Journal of microbiological methods**, Amsterdam, V. 36, p. 115-122, 1999.

HOLT, J. G.; KRIEG, N. R.; SNEATH, P. H. A.; STALEY, J. T.; WILLIAMS, S. T. Genus *Streptomyces*. In Bergey´s Manual of Determinative Bacteriology. 9ªth. **Williams e Wilkins**. p. 675, 1994.

HORNSTRA, L. M. et al.Characterization of Germination Receptors of *Bacillus ceres*ATCC 14579. **Appliedand Environmental Microbiology**. V. 72, n. 1, p. 44-53, 2006.

LI, F.; JIA, H.; WANG, Y.; TANG, H.; ZHANG, L. Change of Soil Bacteria Diversity between Desertification and Restoration. **Journal of Pharmacy and Biological Sciences**, v.12, n.1, p.74-87, 2017. Disponível em: < https://www.academia.edu/33832139/Change_of_Soil_B acteria_Diversity_between_ Desertification_and_Restoration> DOI: 10.9790/3008-1201047487. Acesso em 28 fev. 2021.

OLIVEIRA, A. A. **Inactivação de Endósporos bacterianos com fotossensibilizadoresporfirínicos**. 2008. 102f. Dissertação (Mestrado em Microbiologia) – Departamento de Biologia da Universidade de Aveiro, Aveiro/Portugal.

OLIVEIRA, G. M. **Atividade Queratinolítica de uma Cepa de *Streptomyces SP* Isolada de um Abatedouro de Aves**. 2006. 53f. Dissertação (Mestrado em Microbiologia) – Instituto de Biociências do Câmpus de Rio Claro da Universidade Estadual Paulista, Rio Claro/Brasil.

OLIVEIRA, M. F. **Identificação e Caracterização de Actinomicetos Isolados de Processo de Compostagem**. 2003. 140f. Dissertação (Mestrado em Microbiologia) – Programa de Pós-Graduação da Universidade Federal do Rio Grande do Sul, Porto Alegre/Brasil.

PAULINO-LIMA, I. G.; LAGE, C. A. S. Astrobiologia: definição, aplicações, perspectivas e panorama brasileiro. **Boletim da Sociedade Astronômica Brasileira**, v. 29, n. 1, p. 14-21, 2010.

PEREIRA, J. C. **Interações entre as populações de actinomicetos e outros organismos na rizosfera**. Embrapa Agrobiologia-Documentos (INFOTECA-E), 2000.

RODRIGUES, F.; GALANTE, D.; AVELLAR, M. G. B. Astrobiologia estudando a vida no universo. IN: GALANTE D. et al. **Astrobiologia uma ciência emergente**. 1 ed. São Paulo: Tikitnet, 2016. p. 23-42.

ROTHSCHILD, L. J.; MANCINELLI, R. L. Life in extreme environments. **Nature**, California/USA, v.409, n. 22, p. 1092-1101, fer. 2001.

SANTOS, Franciandro et al. MORFOLOGIA DE CEPAS DE ACTINOBACTÉRIAS EM ÁREAS SUSCETÍVEIS À DESERTIFICAÇÃO. **ENCICLOPÉDIA BIOSFERA**, v.

16, n. 29, 2019. Disponível em
<http://www.conhecer.org.br/enciclop/2019a/bio/morfolo
gia.pdf>. Acesso em 28 fev. 2021

STALEY, J. T.Astrobiology, the transcendent science:
the promise of astrobiology as an integrative approach
for science and engineering education and research.
Current Opinion in Biotechnology.v.14, n. 3, p.347-
354, 2003.

VEPACHEDU, V. R.; SETLOW, P. Role of SpoVA
proteins in Release of Dipicolinic Acid during
Germination of Bacillus subtilis Spores Triggered by
Dodecylamine or Lysozyme.**Journal of Bacteriology**. v.
189, n. 5, p. 1565-1572, 2007.

WILLEY, J. M.; WILLEMS, A.; KODANI, S.; NODWELL,
J. R. Morphogenetic
surfactants and their role in the formation of aerial
hyphae in *Streptomyces coelicolor*. **Molecular
Microbiology**, New York, 2006.

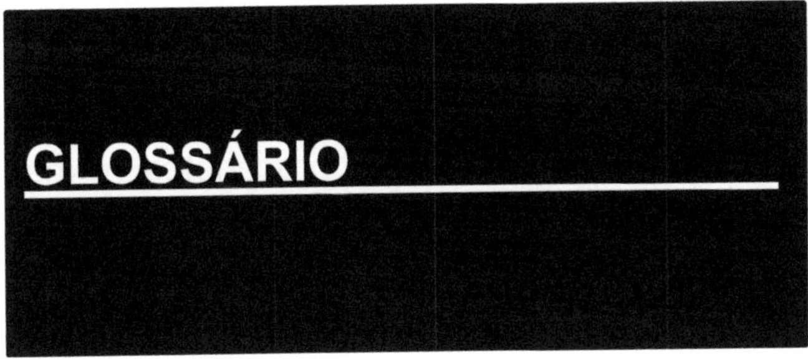

GLOSSÁRIO

Ambientes Extremos:

Ambientes da Terra cujos parâmetros físico extremos - químicos (temperatura, pH, salinidade, radiação, ausência de água líquida, entre outros) são extremamente baixos ou elevados, dificultando a sobrevivência dos organismos vivos.

Arqueia ou Archaea:

Um dos 3 domínios da vida, na classificação (ou Archaea) atual. Microrganismos similares a bactérias em termos de morfologia celular, porém classificados em um Domínio distinto por possuir diferenças em seu genoma, metabolismo e histórico evolutivo.

Bactérias:

Um dos três domínios da vida, na classificação atual. Microrganismos procariotos, mas distintos na genética e bioquímica das arqueias.

Cultura:

Em microbiologia, uma cultura é um conjunto de microrganismos crescidos em condições controladas em laboratório. Estima-se que apenas uma pequena parte (cerca de 1%) de todos os microrganismos presentes na natureza possa ser mantida de maneira estável em cultivos de laboratório.

Evolução:

Descendência com modificação. Processo que explica a diversificação da vida terrestre, baseado em fatos observacionais e experimentais.

Exoplaneta:

Planeta não pertencente ao nosso Sistema Solar, orbitando outra estrela ou mesmo vagando livre pelo espaço interestelar.

Extremófilo:

Organismo que possui adaptações celulares, metabólicas e ecológicas para sobreviver em ambientes extremos. Podem ser extremo-tolerantes (apenas toleram essas condições extremas, porém não são suas condições ótimas de crescimento) e extremófilos estritos (cujo crescimento, reprodução etc. ocorrem apenas em condições extremas).

Fóssil:

Marca ou padrão morfológico ou molecular deixado por seres vivos preservados em estruturas geológicas.

LUCA:

Último ancestral comum universal (Last Universal Common Ancestor em inglês). Organismo do qual todas as formas de vida atuais seriam descendentes, segundo certa filogenia.

Microrganismo:

Ser vivo composto por uma única célula, geralmente pequeno demais para ser observado a olho nu (abaixo de 50 mm). Inclui também os vírus, na maioria dos esquemas classificatórios.

Nasa:

Agência espacial norte-americana (National Aeronautics and Space Administration em inglês).

Termofílico:

Organismo que necessita (no caso de termo-(termófilo) fílico estrito) de temperaturas entre 45 e 85°C para o crescimento.